D'EXPLOITATION & DE TRAITEMENT

DES MINERAIS

Siège social à Paris : 35, rue Boissy-d'Anglas

CAPITAL SOCIAL : 2.600.000 FRANCS

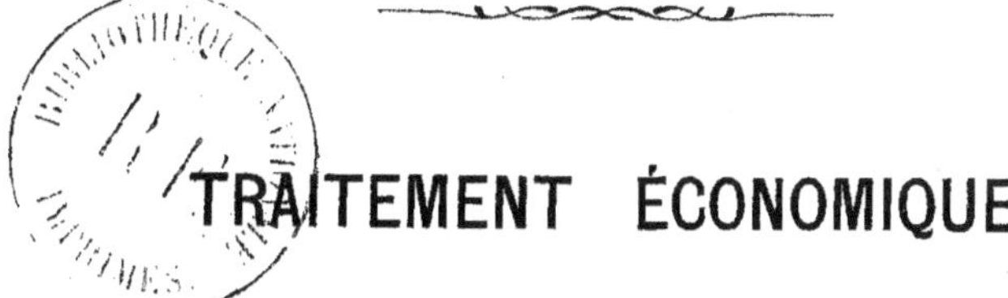

TRAITEMENT ÉCONOMIQUE

DES

MINERAIS D'OR

PREMIÈRE PARTIE

BROYAGE & CONCENTRATION

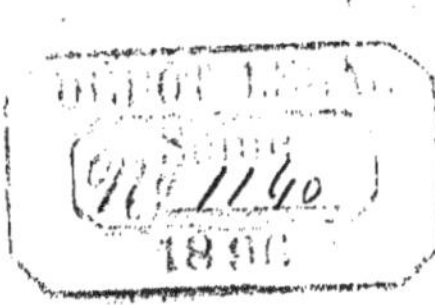

PARIS

SOCIÉTÉ ANONYME DE L'IMPRIMERIE KUGELMANN

12, rue de la Grange-Batelière, 12

1896

SOCIÉTÉ GÉNÉRALE FRANÇAISE

D'EXPLOITATION & DE TRAITEMENT DES MINERAIS

Siège social à Paris : 35, rue Boissy-d'Anglas

TRAITEMENT ÉCONOMIQUE

DES

MINERAIS D'OR

Généralités

Combien de mines peuvent-elles, sans concentration préalable, appliquer aux minerais les procédés finals d'amalgamation, de chloruration, de cyanuration, etc.? Évidemment bien peu, pour ne pas dire aucune.

Les gisements aurifères sont généralement formés, au chapeau, de quartz plus ou moins imprégnés de pépites de différentes grosseurs; cette partie supérieure atteint parfois une grande profondeur; mais tôt ou tard aux quartz à pépites d'or pur succèdent les pyrites aurifères.

Qu'il s'agisse de minerais de « chapeau » ou de pyrites, il est toujours économique de concentrer, dans le volume le plus faible possible de matières stériles, le métal précieux que contient le minerai brut.

Cette première opération de concentration permet de transporter au loin les minerais qu'on ne peut traiter sur place tout en réduisant au minimum le nombre de tonnes à soumettre au traitement final. Elle a donc une importance capitale et mérite bien toute l'attention des ingénieurs.

Nous diviserons cette étude en deux parties :

1° L'étude du broyage ;
2° Le choix du concentrateur.

BROYAGE

Le broyage, dans le traitement des minerais d'or, doit réaliser les désidérata suivants :

1° Le produit doit présenter une égale finesse ;
2° Le prix du broyage doit être aussi réduit que possible.

Le broyage proprement dit comprend deux opérations distinctes : *le cassage* et *le finissage,* de là deux types d'appareils, les concasseurs et broyeurs dégrossisseurs et les finisseurs.

Nous n'avons pas à étudier les divers dispositifs qui sont offerts à l'industrie minière ; leur nombre en est très grand. Nous nous bornerons à décrire ceux qu'un usage prolongé, *dans nos mines,* désigne plus particulièrement à la confiance des mineurs.

CONCASSEUR A MACHOIRE

Fig. 1

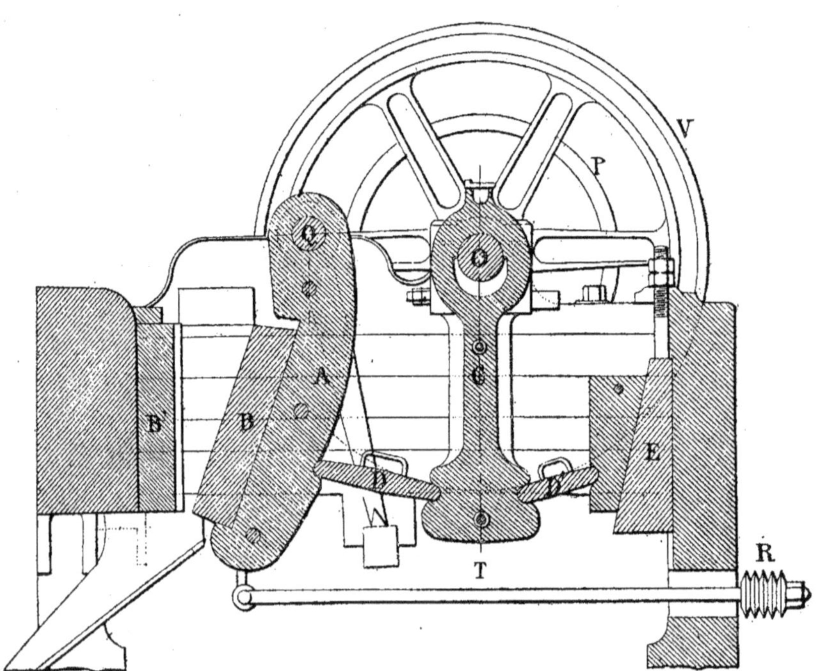

Concasseur et broyeur préparateur

En sortant de la mine, le minerai, en morceaux de 10 à 25 centimètres de côté, est cassé au concasseur et réduit en fragments de 3 à 4 centimètres.

Le concasseur (fig. 1) se compose, d'une façon générale, d'un arbre excentrique O, sur lequel sont calés une poulie P et un volant V ; cet arbre excentrique O imprime à la bielle C un mouvement alternatif communiquant (grâce aux plaques D, D') au porte-mâchoire A un mouvement d'oscillation autour de l'axe Q ; ce porte-mâchoire A est ainsi rapproché de la mâchoire B par le soulèvement de la bielle C et, pendant la descente de cette dernière, il est rappelé en arrière par le ressort R qui agit sur la tige T.

Les mâchoires B, B' sont facilement démontables et peuvent, après usure, être rapidement remplacées. Un coin E permet, du reste, et jusqu'à une certaine limite, de compenser l'usure des mâchoires.

L'arbre O peut faire de 200 à 240 tours par minute, suivant les dimensions de l'appareil.

Ce concasseur est très robuste et d'un fonctionnement régulier.

Le concassage n'est qu'une opération préparatoire ; à sa sortie du concasseur, le minerai est envoyé au *broyeur préparateur* qui doit le ramener à la grosseur maximum d'un grain de café

Broyeur à cylindres

Le type du broyeur à cylindres (fig. 4) est celui dont nous recommandons l'emploi.

Il se compose d'un volant V, qu'on devra faire le plus lourd possible ; de deux poulies P, P', dont l'une folle sur l'arbre ; d'un manchon de recul M ; enfin de deux bagues en acier B, B', d'un diamètre de 0^m70 à 1 mètre dont l'une, B', a les bords saillants.

La bague B' peut, grâce à un jeu de ressorts R, R' s'écarter dans le sens de la flèche F, lorsqu'il y a encombrement à l'arrivée des matières sur le broyeur.

Ces ressorts tiennent constamment appliquée sur la bague B celle B', et constituent ainsi un compensateur d'usure des bagues.

Notre opinion est que les broyeurs à cylindres ne doivent pas recevoir du minerai plus gros qu'un œuf de pigeon. Ces broyeurs ne sauraient, d'autre part, être appelés à broyer au delà de la maille de 1 milli-mètre.

La vitesse tangentielle des bagues ne doit pas dépas-ser $0^m,70$ par seconde.

Ainsi préparé, le minerai est reçu par l'appareil finis-seur. Jusqu'ici c'est le bocard qui a été l'outil préféré des mineurs d'or comme finisseur.

Il se décompose en parties de faible poids et peut, par conséquent, franchir les pays où l'impatience humaine ne prend même pas le temps de créer des routes.

Cet avantage est, à notre avis, plus apparent que

BROYEUR A CYLINDRES

Fig. 4

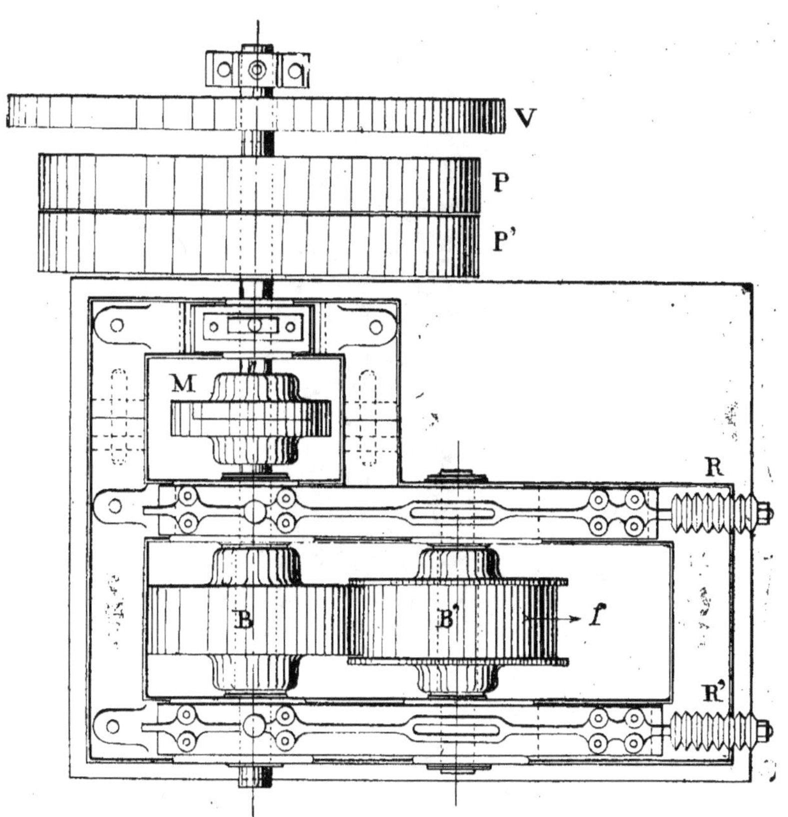

BROYEUR A GALETS

SYSTÈME DAVIDSEN

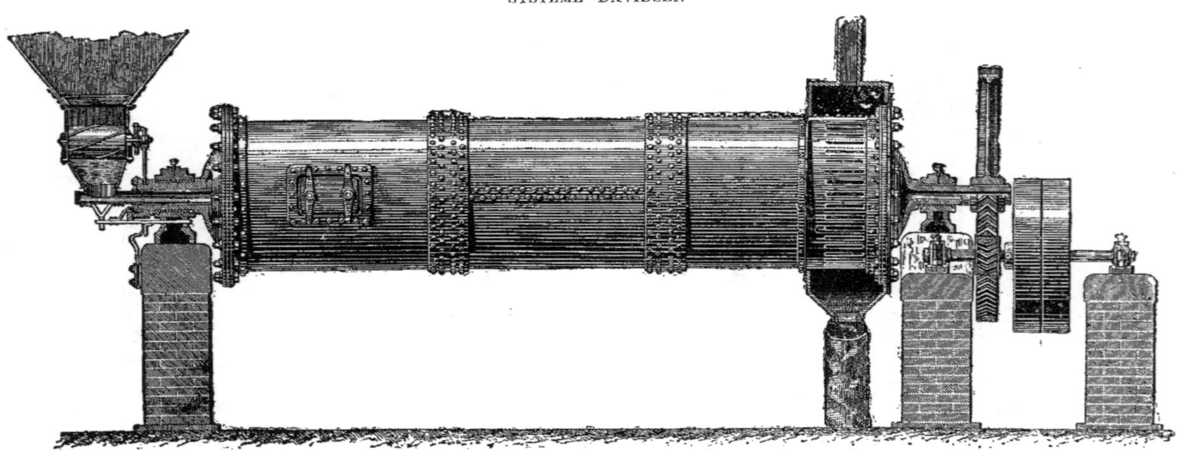

réel. Quel est, en effet, l'engin que l'on ne peut décomposer en morceaux plus ou moins légers ?

Notre avis est que le bocard a fait son temps, que c'est un engin coûteux, d'un entretien de tous les instants et d'un rendement en complète disproportion avec les efforts développés pour son fonctionnement. Il exige une certaine quantité d'eau et ce dernier point a, sur certains continents, une importance de tout premier ordre.

Nous ne lui ferons pas un grief du bruit étourdissant qui vous annonce, à plusieurs kilomètres, le voisinage d'une batterie.

Il faut donc détrôner cet engin et lui substituer les merveilleux *appareils sans choc* qui broient à sec à un degré de finesse qu'on peut rendre aussi voisin de l'impalpable qu'on le désire, et qui donnent, eu égard au travail mécanique consommé, un rendement au moins double de celui obtenu par l'emploi des bocards.

Comme les bocards, les broyeurs à galets peuvent, grâce à une construction spéciale, être transportés à dos d'homme ou de mulet et leur constitution est telle, qu'une fois en place, il est à peine nécessaire de les visiter une fois par an pour s'assurer de leur parfait entretien.

Broyeurs à galets.

Nous avons définitivement adopté, comme broyeur finisseur, le *Tube-Broyeur* de M. Davidsen (1).

Dans cet appareil, l'action de l'écrasement se produit tangentiellement, sur des surfaces convexes et

____

(1) Nous avons seuls le droit de vendre ces appareils au Cap et au Transvaal.

par conséquent sur un seul point, tandis que les broyeurs employés jusqu'ici comme finisseurs mettent des surfaces en contact qui agissent sur une couche de grains de sables de grosseurs différentes, les plus gros *seuls* absorbant l'effort consommé. On comprend aisément que le grain, *quel que soit son volume*, qui sera placé, dans le mouvement, entre deux galets et au point de tangence, sera infailliblement écrasé.

Cet appareil consiste en un long cylindre posé horizontalement et tournant sur des tourillons creux. Il est rempli de boulets libres et ne contient intérieurement aucun accessoire.

La matière à broyer y pénètre par le tourillon creux d'un des fonds, parcourt le cylindre et sort broyée par la périphérie de l'autre fond.

L'entraînement de la matière à travers la couche de billes est simplement un effet de la rotation de l'appareil et de la différence de niveau entre l'entrée et la sortie. La matière se met à cheminer comme sur un plan incliné partant de l'axe du tube à l'entrée de la matière et aboutissant à la sortie. Cette disposition a en outre l'avantage suivant : plus la matière avance dans le tube, plus elle devient fine ; elle se trouve en outre en contact avec une quantité de galets plus grande vers sa sortie, on obtient ainsi un broyage très rationnel.

La finesse désirée est simplement obtenue par la vitesse avec laquelle la matière traverse le tube. Le réglage se fait, à cet effet, par simple déplacement de la courroie de l'alimentateur automatique qui fait partie du broyeur.

La garniture intérieure du tube est, ainsi que les galets, en pierres très dures ; en outre de la grande légèreté que cette garniture présente en comparaison des garnitures en acier ou en fonte, elle a aussi l'avantage d'être beaucoup plus dure que celles-ci et même pour des matières très difficiles à porphyriser, telles que le quartz, l'usure des galets et de la garniture est très faible. Le type le plus employé est celui dont le diamètre a $1^m,5o$ et dont la longueur du tube est de $3^m,5o$.

CONCENTRATEUR

Les appareils de concentration produisent généralement peu lorsqu'on veut qu'ils travaillent bien.

Cela tient à ce que, en général, on leur a demandé un travail que leur forme rendait impossible.

Dans un concentrateur il faut pouvoir faire du stérile vraiment stérile et du concentré très riche.

Tout appareil qui aurait la prétention de diviser la matière brute exactement en deux catégories : riche et stérile, sacrifierait forcément l'une des deux.

Il était indispensable, pour réaliser ce désidératum, d'imaginer un dispositif créant une classe *intermédiaire*, mixte, à *retraiter*, qui ne fût ni stérile ni riche, mais qui permît de séparer, grâce à elle, ces deux dernières classes qu'on pourrait alors « pousser » jusqu'aux dernières limites.

C'est par notre appareil dit « Enrichisseur de Fines » que nous avons obtenu le premier résultat.

La création de cette troisième classe, « le mixte », a pour conséquence immédiate une augmentation considérable dans la production. Et cela est facile à comprendre.

La classe des *mixtes* recevant la partie douteuse des *stériles* ainsi que la partie la plus voisine des riches nous a permis de prendre moins de précautions dans le traitement, de rendre ainsi l'appareil plus maniable et surtout d'augmenter dans la proportion du simple au double la quantité de matière traitée dans un temps donné.

Il y a bien à traiter, à nouveau, la classe des mixtes ; mais, tous comptes faits, notre concentrateur peut traiter, en quantités, une fois et demie ce que traitent les appareils que nous connaissons.

ENRICHISSEUR DE FINES

Nous avons créé cet enrichisseur en 1889 et les nombreuses applications qu'il reçoit depuis cette époque, dans toutes les parties du monde, constituent la démonstration la plus satisfaisante que nous puissions faire des avantages qui résultent de son emploi.

Cet appareil (fig. 2, 3 et 5), essentiellement démontable en parties d'un poids qui permet leur transport à dos d'homme, se compose d'un bâti en métal ou en bois, sur lequel sont adaptés deux rouleaux parallèles inclinés a, a^1 dont l'un reçoit le mouvement rotatif par une transmission appropriée ; sur ces rouleaux repose une toile en caoutchouc sans fin m n qui est entraînée par le rouleau de commande et se déplace avec une vitesse d'environ 15 centimètres par seconde.

La toile est maintenue dans un plan parfaitement régulier par une série de rouleaux $b\,b$.

ENRICHISSEUR DE FINES (SYSTÈME CASTELNAU)

Vue en long

Fig. 2

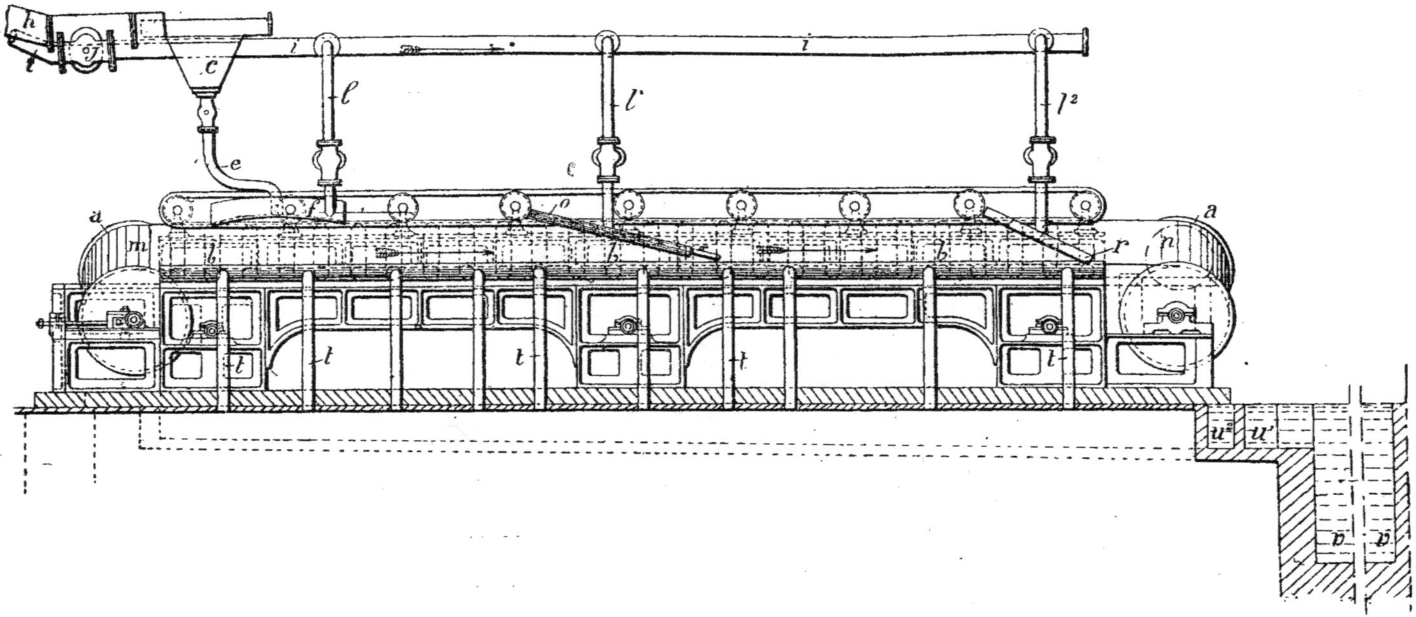

ENRICHISSEUR DE FINES

Coupe transversale

Fig. 3

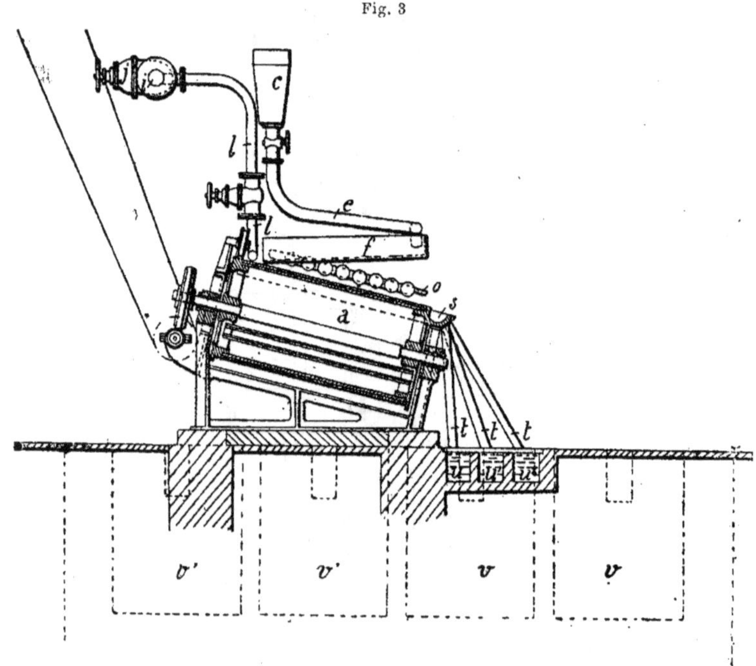

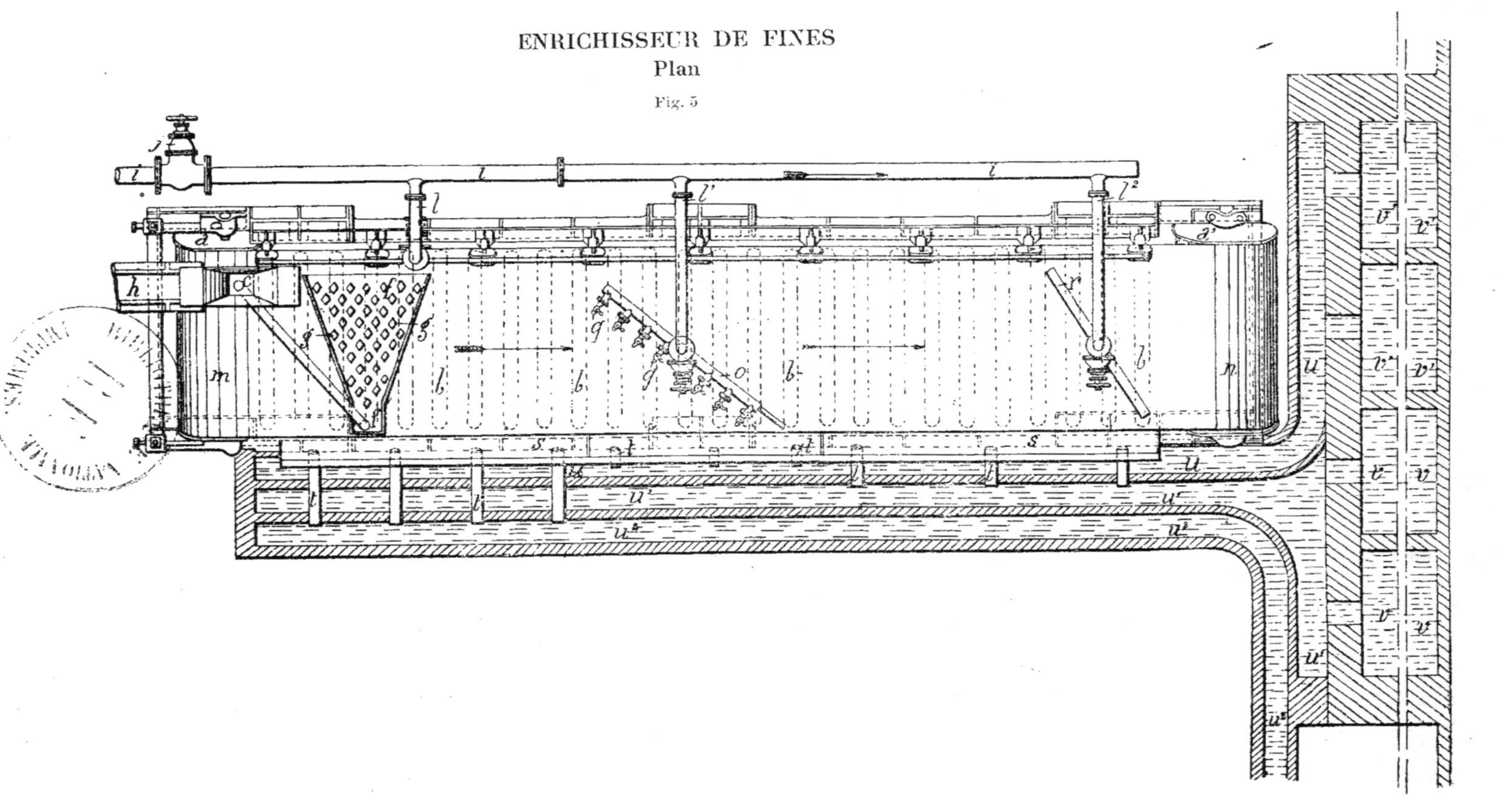

ENRICHISSEUR DE FINES

Plan

Fig. 5

Un tuyau principal i, pourvu d'une valve J, fournit l'eau par les branchements l, l^1, l^2 aux tubulures, de distribution et de balayage du minerai sur la toile.

Un récepteur régulateur conique C reçoit le minerai qu'entraîne un courant d'eau. Enfin le distributeur à chicanes $g\,g$ permet d'étaler en une nappe régulière, et sous une vitesse aussi faible que possible, le courant d'eau et de minerai.

Le canal S, divisé en trois compartiments desservis par les tubulures t, t, t permet l'écoulement par trois rigoles u, u^1, u^2 des trois classes stériles, mixtes et riches qui vont se déposer, les mixtes et les riches dans des bassins v, v^1, tandis que les stériles sont, par le canal u^2, rejetés hors de l'usine.

Cet appareil traite de une à deux tonnes de minerai broyé à l'heure, mais, dans certains cas particuliers, il convient d'abaisser ce rendement. Sa surveillance est extrèmement facile et son entretien fort peu coûteux, puisque nous avons constaté que la toile (le seul organe qui s'use), si elle est de fabrication soignée, a une durée moyenne de deux années.

Quant au degré de concentration qu'il produit, on peut dire qu'il ne dépend que de la volonté des ingénieurs et nous désirons ne mettre en relief que la sécurité qu'il procure en donnant des stériles vraiment stériles, c'est-à-dire en réduisant au minimum les pertes inhérentes à tout lavage. Nous avons traité des pyrites aurifères de Nouvelle-Zélande à 85 grammes d'or à la tonne en faisant des stériles à un peu moins d'un gramme d'or à la tonne. Si on veut bien remarquer que le traitement des pyrites aurifères est extrèmement difficile, on reconnaîtra qu'il n'est guère possible de mieux faire.

DEVIS APPROXIMATIF

du Matériel de broyage et de concentration nécessaire
pour une usine traitant
50 tonnes de minerai par jour ([1]).

		NOMBRE	PRIX de L'UNITÉ	TOTAL
MOTEUR.....	Un moteur de 50 chevaux..			(mémoire)
BROYEURS...	Préparateurs — Concasseur .	I	4.500	4.500
	Préparateurs — Broyeurs à cylindre..	2	5.000	10.000
	Finisseurs...............	I	9.000	9.000
ENRICHISSEURS DE FINES	Nous prendrons le cas le plus défavorable de minerai très pyriteux demandant plus de soins et nous adopterons une « capacité de traitement » de 5 tonnes par dix heures de travail pour chaque appareil	10	2.500	25.000
	Élévateurs et trommels divers pour les enrichisseurs.............	10	1.200	12.000
	TOTAL................			60.500

(1) Ne sont pas compris dans ce devis : le moteur et les transmissions ; l'importance de ces dernières dépend de l'agencement des usines.

INSTALLATION GÉNÉRALE

Depuis un certain nombre d'années, dans les diverses installations que nous avons faites, nous avons adopté un dispositif, *en cascade*, de tous les appareils, dispositif permettant la suppression de 75 o/o de la main-d'œuvre que nécessitent les intallations en plaine.

Lorsque la déclivité du terrain ne se prête pas à cet arrangement, on a intérêt à créer une chute à l'aide d'une construction ou même d'une simple charpente. Le travail mécanique que l'on a à développer pour relever le minerai n'est point supérieur à celui rendu nécessaire, dans les usines *en plaine*, par les nombreuses reprises après chaque appareil. Nous conseillons donc le dispositif ci-contre. Grâce à ce groupement économique et par suite aussi du rendement des appareils décrits plus haut, nous avons pu traiter des minerais exclusivement quartzeux à raison de 3 fr. 5o la tonne (1,000 kilog.)

Le prix de revient du traitement d'un minerai est surtout fonction de la dureté de la gangue, du prix du combustible et du prix de la main-d'œuvre. On ne saurait donc fixer " a priori " un chiffre quelconque, mais le choix de notre matériel permet d'obtenir le minimun de frais dans tous les cas.

Paris, février 1896.

M. CASTELNAU,

Ingénieur civil des Mines,
Officier d'Académie.

RÉFÉRENCES

Extrait du " MINING JOURNAL " de Londres.

Numéro du 6 juin 1891 (vol. LXI, n° 2911).

BREVET CASTELNAU RELATIF A UNE MACHINE A CONCENTRER

LES MINERAIS

Dans le traitement des minerais, *et en particulier des minerais d'or*, l'opération mécanique *la plus importante est la concentration*. En effet, la concentration peut être définie, en général, comme la séparation des matières précieuses (ou ayant une valeur industrielle) des matières stériles ou sans valeur. Un bon concentrateur sur lequel on puisse compter pour traiter d'une manière satisfaisante, complète et économique, des minerais réfractaires ou complexes, n'a pas encore été inventé, suivant l'avis de beaucoup, et peut-être de la plupart de nos ingénieurs des mines et métallurgistes; car, bien qu'on prétende qu'il y a beaucoup de bons concentrateurs en vente, peu d'entre eux ont donné entière satisfaction lors des essais ou expériences. Ce n'est certes pas le fait d'un manque de concurrence dans l'invention et la fabrication des machines à concentrer; les ingénieurs du continent et e l'Amérique se sont toujours efforcés, autant et peut-être même plus que les nôtres, de faire face aux nécessités actuelles en créant un mécanisme de concentration efficace et économique. Où peut-on trouver une bonne machine à concentrer pour le traitement des minerais complexes ? C'est une question que les propriétaires des mines de l'étranger et des colonies se posent, et à présent, quoique le public ait devant lui un très grand nombre de bonnes machines, il est difficile, pour un ingénieur des mines consciencieux, de se prononcer avec quelque certitude dans ses recommandations et de savoir si celles-ci seront justifiées par les résultats ultérieurs. Beaucoup de progrès ont été effectués en ce qui concerne les machines à concentrer les minerais, et on a signalé dans les derniers temps des points de départ frappants concernant le but à atteindre et la construction de cette classe d'appareils, de sorte que l'espoir d'atteindre le but vers lequel on tend sera sous peu réalisé.

Nous avons été conduits à faire ces remarques en présentant aux lecteurs du *Mining Journal* une machine à concentrer les minerais qui est de construction récente et d'invention française, et au sujet de laquelle nous avons reçu des rapports très flatteurs de la part d'éminents praticiens dont les opinions, si nous citions des noms, seraient considérées comme faisant autorité. Cette machine n'est que peu connue jusqu'ici des ingénieurs des mines anglais et nous rendrons, par conséquent, quelques services en décrivant et en représentant dans les diagrammes ci-dessus la machine à concentrer qui a donné déjà de bons résultats pratiques et qui semble destinée à occuper une place prédominante parmi les bonnes machines à concentrer ou à enrichir, construites dans ces derniers temps, et qui ont la prétention de fonctionner efficacement et économiquement.

Cette machine à concentrer est l'invention de M. Marcelin Castelnau, ingénieur à Paris. A première vue, cette machine peut être considérée comme ressemblant aux « pailloteurs » bien connus, mais un examen plus approfondi fait voir qu'elle en diffère complètement. Une étude des diagrammes suffira aux praticiens qui nous lisent. Dans ces diagrammes, les figures 10 et 11 représentent des parties d'une courroie ou toile sans fin, qui sera décrite plus loin et sur laquelle passent les particules ou fragments de minerai pendant le fonctionnement. La figure 2 représente une vue longitudinale de la machine complète ; la figure 3 montre une coupe transversale et la figure 5 représente un plan.

L'invention de M. Castelnau est basée sur l'application d'un principe nouveau, du moins en ce qui concerne les machines à concentrer. Le résultat obtenu avec cette machine est, après avoir classé exactement, d'après leurs dimensions, les minerais qui y sont traités, de les recevoir sur une toile sans fin $m\,n$ ordinairement en caoutchouc, mais qui peut, bien entendu, être faite en acier, zinc ou autre métal en feuilles. Cette toile sans fin tourne autour de deux rouleaux ou tambours rotatifs $a\,a$ placés chacun à une extrémité de la machine. La disposition est telle que, dans le sens du mouvement, c'est-à-dire suivant les génératrices, la toile est parfaitement horizontale, tandis qu'elle est inclinée dans la direction perpendiculaire, et cette inclinaison peut être changée au moyen d'un mécanisme disposé à cet effet dans le but de pouvoir traiter les différents minerais qui se présentent.

Lorsqu'une partie du minerai est placée sur la courroie qui se meut en passant d'un tambour à l'autre,
une certaine quantité d'eau, qui peut être réglée à
volonté, y est déversée par l'un ou l'autre des tuyaux *l*.
Il en résulte que le minerai est soumis à l'action des
deux impulsions. L'une d'elles résulte de la vitesse
de la courroie. L'autre est due à la force du courant
d'eau venant de l'un ou l'autre des tuyaux *l*. Le résultat
est donc obtenu par ces deux impulsions, combinées
à l'action du poids spécifique du minerai. D'un autre
côté, il faut remarquer que la direction de la résultante
est tangente à un arc de parabole. Par suite, si nous
plaçons un certain nombre de fragments ou grains de
minerais de dimensions identiques, mais de densités
différentes (représentés en *d, d', d'',* fig. 11), sur la
toile sans fin, ils y décriront trois arcs paraboliques
différents, *w k, w k', w k''* (fig. 11), plus ou moins
ouverts suivant la plus ou moins grande densité du
fragment *d*. L'arc *w k''* correspondra donc à un minerai
de densité *d*, tandis que l'arc *w k'* correspondra au
minerai de densité *d'* et l'arc *w k* au minerai de densité *d'''*.

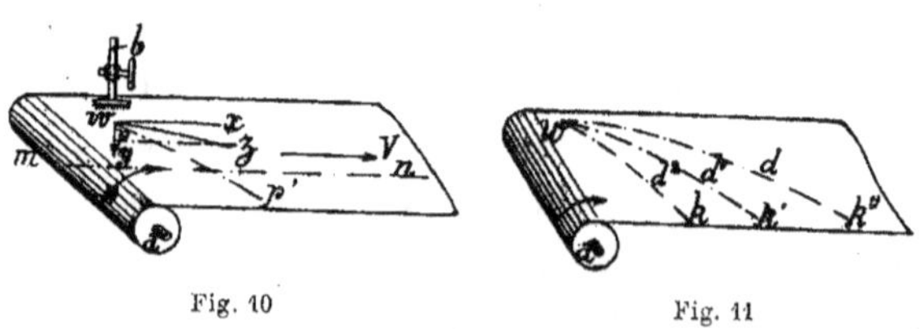

Fig. 10   Fig. 11

Nous ne nous proposons pas d'entrer, pour cette fois,
dans des détails approfondis relatifs à la description
de cette nouvelle machine à concentrer les minerais ni
d'appeler l'attention de nos lecteurs sur toutes les

lettres de référence des diagrammes, parce que, dans l'espace dont nous disposons, nous ne pourrions pas donner des explications assez complètes à ceux de nos lecteurs qui n'ont pas une expérience suffisante des machines à concentrer les minerais. Cependant, l'œil du praticien, en examinant les diagrammes, saisira facilement les détails du mécanisme. Quelques-uns des dispositifs caractéristiques et essentiels peuvent néanmoins être mentionnés.

Nous ferons remarquer par exemple que l'appareil est construit pour recevoir dans une auge r, divisée en compartiments, les différentes espèces de minerais classés par ordre de densité. Ces minerais arrivent par des tuyaux t, t, t, dans des rigoles convenablement disposées à cet effet. De cette manière le minerai de densité d'' arrive par la rigole u'', le minerai de densité d' arrive par la rigole u' dans des bassins appropriés v, v^1, et le minerai de densité d arrive dans les bassins par la troisième rigole u. Des minerais mixtes contenant plusieurs métaux peuvent être traités en une seule opération au moyen de cet appareil.

La longueur et la largeur de la toile ou courroie ne sont pas définies et peuvent varier suivant les propriétés du minerai à traiter, mais le minerai prend toujours une direction diagonale et jamais une direction parallèle à la courroie. Le classeur c laisse passer et régulariser la quantité de minerai à traiter, tandis qu'une série de batteurs, placés dans le tuyau d'alimentation l', permettent d'augmenter la force du jet si cela est nécessaire. Un ou deux tubes d'alimentation d'eau de petit diamètre permettent d'arrêter certaines espèces de minerais. L'appareil a un mouvement continu sans aucun choc, et peut traiter 25 à 3o tonnes de minerai en dix heures. Toute l'opération peut être accomplie sans connaissances spéciales de la part de l'ouvrier qui dessert l'appareil.

Telles sont, en quelques mots, la disposition générale et la théorie du fonctionnement du concentrateur Castelnau, qui, comme nous l'avons dit, constitue un appareil pour traiter les minerais et autres substances de manière à partager les fragments ou particules de minerai suivant leur densité au moyen d'une courroie ou toile sans fin inclinée dans le sens transversal comme il a été décrit en substance. Elle peut encore être caractérisée ou définie comme un appareil traitant des minerais ou autres substances et formé par la combinaison d'une bande mobile telle que m n horizontale suivant sa longueur, et inclinée dans le sens transversal, avec des tuyaux d'alimentation d'eau l pour lancer de l'eau sur les différents points de la bande, comme il a été décrit en substance et dans le but spécifié.

Comme nous l'avons déjà dit, nous avons entendu ceux qui l'ont expérimentée faire les plus grands éloges de cette machine. Nous mentionnerons également que, parmi les principales exploitations de mines qui ont adopté cette machine à concentrer, se trouve la *Kangarilla Proprietary Silver Mine (limited) South-Australia*, laquelle Compagnie a, sur la recommandation de son directeur, *M. D.-D. Rosewarne,* installé récemment un appareil analogue à celui qui a été décrit. Nous attendrons avec une grande sollicitude pour voir adopter plus généralement cette machine, et nous en tiendrons nos lecteurs au courant.

Plus loin, on lit dans le même journal :

« Depuis que l'exploitation des mines est devenue
« une industrie, l'attention a été dirigée vers les
« meilleurs moyens de séparer le minerai des terrains
« stériles ou gangues avec lesquels il est associé ; mais
« la difficulté consistait à extraire la totalité du minerai,
« surtout quand il s'agissait d'extraire celui-ci de limons
« ou dépôts. Cette difficulté paraît maintenant sur-
« montée en pratique par l'invention d'une machine
« due à M. Castelnau, ingénieur des mines en France.
« Cette machine est décrite et représentée en dessin
« sur une autre page. Le principal avantage de cette
« machine, c'est la séparation, en une seule opération,
« des différents minéraux ou éléments contenus dans
« un minerai, séparation basée sur la différence de
« densité. Dans cette machine on peut traiter toute
« espèce de minerais, et dans les mines d'or où la con-
« centration ou enrichissement des pyrites est désirable,
« elle sera à notre avis, très utile. »

**Extrait du " NEW-YORK HERALD ", édition de Paris,
numéro du 18 juin 1890.**

(Traduit de l'anglais)

UNE BONNE NOUVELLE POUR LES MINEURS TRAITANT L'OR

Un ingénieur français, M. Castelnau, a construit un
appareil à l'aide duquel il prétend pouvoir traiter avec
profit du minerai d'or ne contenant pas plus de cinq

grammes par tonne. Dans des expériences faites sur du minerai de plomb contenant seulement un pour cent de plomb, un seul lavage a fait monter la proportion de plomb du résidu à 68,8 pour cent.

Le procédé paraît donc être d'une grande valeur pour les intérêts miniers.

Extrait du rapport de M. D. ROSEWARNE, F. G. S., M. I. M. E, Inspecteur des Mines et Surveillant des Champs d'Or de Sa Majesté au Commissaire des Terres de la Couronne dans l'Australie du Sud.

(Traduit de l'anglais)

Adélaïde, janvier 1891

CONCENTRATEUR FRANÇAIS

Pendant l'Exposition, j'ai été visité par M. Lhomme, ingénieur français, qui m'a montré les plans, etc., d'un nouveau concentrateur inventé récemment par M. Castelnau, ingénieur de Paris. Pensant qu'il pourrait être de quelque utilité à quelques-unes de nos mines de cuivre ou de plomb, j'ai expédié à l'usine de Passy un quintal et demi du minerai de plomb de l'Ediacara et, pendant ma visite à Paris, celui-ci a été soumis au procédé dont le résultat a été que le minerai ayant après le broyage une teneur de 11 pour cent de plomb et 13 onces (404 grammes) d'argent par tonne, après la concentration, les concentrés avaient une teneur de

61 pour cent de plomb et 65 onces (2,015 grammes) d'argent par tonne. La perte dans les résidus était : plomb, néant — argent, traces. Plusieurs autres minerais en petites quantités ont été essayés en ma présence et on comprendra la valeur de ce concentrateur lorsque je dirai que, sur un minerai hongrois, six séparations parfaites ont été effectuées. Dans son aspect général, la machine ressemble aux concentrateurs de Frue et de Truemph et, comme eux, consiste dans une courroie de caoutchouc sans fin. Au lieu d'être de niveau, comme le sont les courroies dans les concentrateurs susmentionnés, elle est parfaitement horizontale sur le bord supérieur, tandis qu'elle est inclinée vers le bord de décharge. Cette inclinaison est réglée et menée à l'angle qui convient le mieux pour le minerai à traiter. On fait jouer plusieurs jets d'eau sur la courroie, de façon à produire la concentration la plus délicate. Lorsque le minerai est jeté sur la courroie, il est immédiatement soumis à deux impulsions, la première provenant de la vitesse donnée à la courroie et la deuxième d'un courant d'eau sortant d'un tuyau.

L'eau provient d'un tuyau principal muni d'une valve régulatrice et de tuyaux d'embranchement ; le premier tuyau est placé de façon que l'eau tombe tout près de l'endroit où le minerai est déposé sur la courroie. Le second tuyau est muni d'une série de robinets et disposé de telle façon qu'il se produit pour ainsi dire une action de relèvement du minerai sur la courroie ; quatre cinquièmes du déchet quittent la courroie au droit du premier tuyau.

La portion la plus lourde du minerai est transportée au-dessous du troisième tuyau et la courroie est alors nettoyée. La simplicité du procédé est telle qu'après en avoir réglé l'application à un minerai quelconque, il n'est besoin d'aucun ouvrier spécial, l'appareil tout entier fonctionnant automatiquement.

Le mouvement particulier imprimé au minerai broyé est la principale cause qui permet d'aussi bons résultats. Le minerai chemine diagonalement à travers la courroie et non parallèlement comme on pourrait s'y attendre. A l'extrémité inférieure de la courroie se trouve un canal horizontal, divisé en compartiments, qui reçoit le minerai séparé ou classé conformément à la densité.

Une machine ordinaire peut traiter entre une et deux tonnes par heure. Comme concentrateur pour du minerai finement broyé, elle est simplement merveilleuse et peut être adoptée avec grand avantage dans nos mines de cuivre et de plomb comme un accessoire des cribles et pour traiter des boues ou matières fines. Dans les mines d'or où la concentration des pyrites est désirable, elle serait très utile, et je suis d'avis que dans un minerai d'or finement broyé, contenant de l'or libre et des pyrites, ces deux matières seraient recueillies dans un même compartiment. Les Australiens du Sud auront occasion de voir une de ces machines à l'œuvre sous peu dans les mines de Kangarilla où elle montrera ce dont elle est capable.

ESSAI D'ENRICHISSEMENT

sur des Quartz aurifères provenant de l'Autriche-Hongrie, fait les 18 et 19 mai 1892, en présence de M. R. Bescher, délégué par l'ambassade à Paris, à la LAVERIE DES MINES DE BOUILLAC (Aveyron).

Les minerais soumis aux essais d'enrichissement sur l'appareil CASTELNAU, formant trois catégories bien distinctes, représentaient du quartz aurifère pour les numéros I et II; quant au numéro III, le quartz aurifère était légèrement plombeux. Ce dernier minerai a dû subir l'opération du broyage sur le broyeur à friction système CASTELNAU.

Les essais portant sur 200^{kgs} de chacune de ces matières ont donné 35^{kgs} de minerai riche renfermant :

Argent.   200 grammes à la tonne de minerai.
Or.....   44   —   —

Le minerai brut avait donné à l'analyse :

Argent.   36 grammes à la tonne.
Or.....   Traces.

Ce minerai a donc été enrichi de cinq fois et demie sa valeur.

Si nous considérons la quantité de matière mise en jeu, nous avons 200^{kgs} minerai à 36 grammes d'argent $= 0^k0072$ d'argent.

Nous en avons recueilli :

35^{kgs} à 200 grammes d'argent $= 0^k0070$, soit donc un rendement de 97,22 o/o.

Sur les minerais II et III, les essais ont été faits de la

même manière, la matière brute du numéro II renfermant **110 grammes** d'argent à la tonne et des traces d'or ; on a recueilli pour 200^{kgs} minerai soumis à l'enrichisseur CASTELNAU, 22^{kgs} de matière renfermant 988 grammes d'argent et 40 grammes d'or à la tonne.

Le rendement, eu égard aux quantités de métaux précieux contenus dans le minerai, est de 98,77 o/o.

Enfin, le numéro III, qui renfermait :

Or : traces, argent : 152^{gr} à la tonne, plus du plomb à raison de 0,65 o/o, a donné, après enrichissement, 10^{kgs} 250 de minerai riche, donnant à l'analyse :

Or...... 0^{k}010 à la tonne de minerai.
Argent.. 0^{k}290 —
Plomb.. 63^{k}000 —

Ce qui donne un rendement de 97,86 o/o.

Ces chiffres, suffisamment éloquents, évitent tous commentaires quant à la valeur de l'Enrichisseur CASTELNAU, *pour le traitement des minerais austrohongrois soumis aux expériences d'enrichissement.*

TABLEAU ANALYTIQUE

CATÉGORIES	BRUT		RICHE		OBSERVATIONS
	OR	ARGENT	OR	ARGENT	
I	Traces	0.036	0.044	0.200	Le n° 3 renfermait :
II	Traces	0.110	0.040	0.980	Plomb 0.65 o/o.
III	Traces	0.152	0.010	0.290	Riche 6.30 o/o.

Tous les résultats consignés dans le tableau ci-dessus s'entendent par tonne de minerais.

Bouillac, le 30 mai 1892.

APPAREILS CASTELNAU

CERTIFICAT

Je soussigné déclare avoir assisté, en février 1892, en ma qualité d'ingénieur délégué de la Société royale des mines et usines de Rœras (Norvège), à des expériences de concentration mécanique de lots de minerais expédiés à cet effet et exécutées par les appareils Castelnau, sous la direction de cet ingénieur, aux laveries de Bouillac (département de l'Aveyron), propriété de la Société générale française d'exploitation et de traitement des minerais.

Le désidératum était de dédoubler un minerai fort complexe (pyrites de fer, de cuivre), blende (zinc), galènes (plomb), auro-argentifères à faibles teneurs, n'ayant actuellement d'autre valeur que celle de pyrites de qualité médiocre pour la fabrication de l'acide sulfurique, en lots permettant la réalisation de un ou plusieurs métaux contenus en dehors de la pyrite.

Le résultat concluant a été la concentration du lot primitif en deux lots : l'un, cupro-plombo-auro-argentifère, l'autre pyrito-blendeux, à teneurs telles que leur valeur réunie représente le double au moins de la valeur primordiale du lot traité et avec des frais restreints de manutention.

Ce résultat, étendu à une production de deux mille tonnes par mois, constitue un progrès, vainement cherché jusqu'à présent, de la plus haute importance, et je consigne ici, avec une réelle satisfaction, le succès inespéré des appareils Castelnau dans un champ métallurgique absolument nouveau.

Asnières, le 27 mars 1892.

Signé : C¹ ROSWAG,
Ingénieur civil des mines.

Vu pour la légalisation de la signature de M. Roswag apposée ci-dessus :

Asnières, le 29 mars 1892.

Le Maire,
Signé : H. SCHNEIDER.

CERTIFICATS

Je soussigné Pierre Hyvert, propriétaire des mines de fer et plomb argentifère de Lacaunette, certifie que l'appareil à fines de M. Castelnau fonctionne à mon entière satisfaction, et qu'il peut traiter de vingt à vingt-cinq tonnes de schlamms par journée de dix heures.

Carcassonne, le 27 octobre 1889.

Signé : P. HYVERT.

Vu pour la légalisation de la signature ci-dessus :

Pour le Maire,
Le Conseiller municipal délégué,
Signé : ENJALBERT.

Je soussigné Gayet (Alfred), ingénieur civil des mines, directeur des mines de Génolhac et du Chassezac, déclare que l'appareil à fines, système Castelnau, installé dans notre laverie de Villefort, fonctionne à notre entière satisfaction.

Villefort, le 10 mai 1890.

Signé : A. GAYET.

Vu pour la légalisation de la signature :
Le Maire, Signé : Illisible.

Je soussigné Raoul Maire, administrateur de la Compagnie des mines du Dadou, certifie que l'appareil à fines, système M. Castelnau, fonctionne très bien et donne d'excellents résultats

Réalmont, le 10 janvier 1890.

RAOUL MAIRE.

Vu pour la légalisation de M. Maire apposée ci-dessus :

Réalmont, le 10 janvier 1890.

Pour le Maire,
Signé : BLANC.

2329. — Paris, Soc. an. de l'Imp. Kugelmann (G. Balitout, dir.), 12/r. Grange-Batelière.